LA FRANCE AGRICOLE

OUVRAGE MODERNE.

CHATEAU-THIERRY. — IMP. DE CHARLES DEMIMUID.

LA

FRANCE AGRICOLE

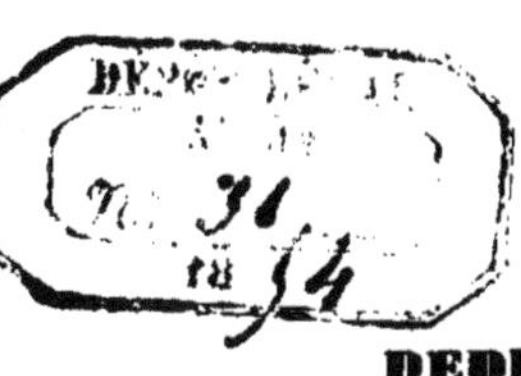

OUVRAGE MODERNE

DEDIÉ A S. M. NAPOLÉON III

Empereur des Français

PROTECTEUR DE L'AGRICULTURE ET DES ARTS

PAR DELIZY FILS.

SE VEND :

CHEZ L'AUTEUR, A COURCHAMPS (AISNE)
Et dans tous les chefs-lieux de canton, où des personnes sont chargées de la vente de cet Ouvrage.

1853.

AVANT-PROPOS.

L'agriculture, qui est le point capital de tous les intérêts de la société, se trouve aujourd'hui pliée sous le poids d'une crise qui dépasse toutes celles qu'elle a traversées : l'abondance de ses produits, les événements politiques récents, les fautes de l'économie ancienne, l'ouverture des chemins de fer, la rareté des capitaux, l'usure, tout se réunit pour l'accabler. Le prix des baux et la non-valeur des produits sont les causes principales qui font que l'agriculture touche à une crise que le temps aura du mal à réparer ; la laisser retomber dans son ancienne immobilité, c'est anéantir les progrès de l'industrie et les faire disparaître pour de nombreuses années. L'agriculture pratique est celle qui mérite le plus de fixer l'attention, attendu qu'elle doit être l'étude première du cultivateur et qu'elle est la source de tout. Elle doit donc figurer au premier rang ; nul ne saurait lui contester ce droit. Ce droit est un fait reconnu par S. M. Napoléon III, Empereur des Français, qui porte à l'agriculture un intérêt tout particulier.

Pour répondre aux vues de l'Empereur, nous avons pensé qu'un *nouveau traité sur l'agriculture* pourrait devenir un guide non seulement pour le gouvernement, mais encore pour tous les agriculteurs français (1).

On remarque dans ce *traité* trois choses principales :

(1) Voir le Guide de l'agriculteur ou le Mentor du propriétaire et du cultivateur, par Deliza fils, 1 vol. in-8°.

1° La valeur locative des propriétés immobilières de toute la France ; 2° Les bénéfices et les déficits par hectare, calculés sur la variation des cours des céréales ; 3° La valeur du fonds en principal basé sur le cours de 20 à 30 francs l'hectolitre et demi. Tous ces calculs sont rigoureusement exacts et ne peuvent devenir l'objet d'aucun doute.

Il est parfaitement démontré dans ce traité que le cultivateur le plus habile et le plus intelligent ne peut subvenir aux frais de culture ni même acquitter le prix des redevances locatives, lorsque les cours des céréales ne sont pas en rapport avec leur valeur normale. Toutes les fois que cela arrive, il en résulte un déficit préjudiciable au cultivateur. Pour prévenir ce mal et pour rendre l'agriculture plus prospère, il ne faut qu'une chose aussi simple que facile : conciliation de la part des propriétaires envers les locataires. Voilà le but que nous devons chercher à atteindre, car le travail et la conciliation sont les véritables trésors d'une nation.

Les propriétaires et les cultivateurs ont, dans l'état actuel des choses, besoin de connaître leur véritable position. Il est facile de la leur faire connaître en leur démontrant les bénéfices et les déficits par hectare, calculés sur le prix des classes de propriétés affermées. Le prix de location se trouve classé de manière à ce que l'on connaisse la valeur du fonds en principal, produits des 2 1/2, 3, 4 et 5 0/0. (Voir le tarif.) Est-il rien de plus utile que ce *traité* pour le propriétaire qui désire acheter, vendre, placer, emprunter ou affermer? Il y trouvera une garantie justifiée et tirée des quatre parties principales énoncées ci-dessus.

Nouvelle revue sur l'Agriculture et sur son origine.

Les Cieux, dit le Roi-prophète, *racontent la gloire du Créateur et le firmament publie hautement la magnificence des œuvres de ses mains ;* mais la terre que l'homme foule aux pieds serait-elle moins digne de son admiration que la voûte suspendue au-dessus de sa tête, et David ne se plaisait-il pas, pour louer le Seigneur, à faire l'énumération des merveilles dont la terre est couverte, quand il invite toutes les créatures à en bénir l'Auteur ?

Ce qui doit surtout exciter notre admiration et provoquer notre reconnaissance, c'est que les cieux et la terre ont été créés pour l'homme, et que si ce roi de la nature trouve dans les cieux des merveilles propres à élever son esprit, il trouve aussi sur la terre d'autres merveilles propres à pénétrer son cœur de reconnaissance et d'amour.

Ce n'est pas exclusivement pour les savants que tant de prodiges ont été produits par la sagesse et la puissance du Créateur. Les astres brillent au ciel pour quelques esprits profonds, mais la terre avec les productions que l'homme peut tirer de son sein, frappe les regards de tous. En mettant la terre à la disposition de chacune de ses créatures, Dieu a voulu que cette mine si riche fût exploitée par l'intelligence non moins que par les bras de l'homme ; et, comme il forme des génies capables de s'élever jusqu'au ciel pour découvrir les sublimes secrets que renferme le firmament, de même il suscite des esprits destinés à multiplier les ressources de la terre par la découverte toujours progressive de sa fecondité. Qui pourrait prétendre, en effet, que la terre, au moment où elle fut séparée des autres éléments, fût aussi riche et aussi fertile qu'elle le devint par les mains des Patriarches, et qu'à mesure que la civilisation s'est répandue dans le monde, de nouvelles méthodes n'aient successivement signalé l'apparition de quelques hommes plus éclairés que la multitude et plus habiles dans l'art de rendre cette terre de plus en plus productive.

Chaque siècle a eu, sous ce rapport, ses savants; mais, en recherchant, aussi haut qu'il est possible de remonter, les diverses inventions qui ont eu pour objet l'amélioration du sol et l'avantage qu'il est possible d'en tirer, on est forcé de convenir que les découvertes qui se sont successivement produites jusqu'à nos jours, sont loin d'atteindre à la perfection à laquelle l'homme puisse arriver à l'aide de la méditation, des essais et surtout de la persévérance.

Quelle entreprise plus digne de nos efforts, quelle plus utile occupation, dans l'ordre des choses de ce monde, que celle dont le résultat est d'agrandir la terre à l'infini, en apprenant à l'homme à lui faire produire, en tout genre, des ressources non seulement suffisantes, mais encore supérieures à ses besoins! Quelle mine inépuisable à exploiter! Que de trésors à en tirer!

C'est donc dévoiler de plus en plus les beautés de la création et démontrer à la fois la bonté infinie du Créateur à l'égard de l'homme, que d'apprendre à celui-ci qu'il a à sa disposition des richesses qu'il ne connaît pas et qui, s'il le veut, sortiront, comme par enchantement, du sein de la terre, sans qu'il lui en coûte plus de sueur ni plus de sacrifice.

Telle est l'opinion de l'auteur du *Guide de l'agriculture*, ouvrage sérieux et qui est le fruit de longues méditations et de calculs approfondis.

Le Comice agricole de l'arrondissement de Château-Thierry (Aisne), dans sa séance du 9 juin 1850, a devancé le jugement que porteront sur cet ouvrage tous les hommes capables d'apprécier les avantages d'un système aussi favorable à l'agriculture, en donnant à l'auteur une mention honorable. Tout fait présager qu'à ce premier témoignagne d'estime ne tardera pas à se joindre l'approbation de tous les hommes jaloux du progrès de l'agriculture et du bien-être universel.

L'AGRICULTEUR FRANÇAIS

OUVRAGE MODERNE.

CHAPITRE Ier.

Depuis longtemps on désire connaître un moyen qui puisse garantir l'agriculture des causes ruineuses dont elle est sans cesse menacée. Or, malgré les meilleures dispositions prises par les gouvernements qui ont précédé celui de l'Empereur Napoléon III, aucun n'a pu jusqu'à ce jour réunir les matières propres à donner aux hommes qui se livrent à la culture une part de bonheur assuré, c'est-à-dire propres à garantir l'intérêt général (1).

Quelque disposé que l'on soit à bien penser de son pays et de son siècle, que peut-on augurer de la vitalité intellectuelle de la France du XIXe siècle, en face de ces publications dont la plupart, semblables aux nombreux traités de chimie, de physique, d'hydraulique, de droit, etc., qui encombrent les catalogues de librairie, ne sont que de grossières spéculations faites aux dépens de l'ignorance?

M. Barbey d'Aurovilly a raison quand il dit que l'auteur d'un ouvrage doit justifier, par des preuves régulières, les faits énoncés dans son traité et ne point y admettre ces nombreuses amplifications qui deviennent ennuyeuses et sans résultat pour le lecteur.

Ainsi que nous venons de l'indiquer, la littérature sur la matière agricole ne peut se régénérer que si l'on présente la preuve des faits énoncés dans les ouvrages que l'on pu-

(1) Voir le journal *Le Pays*, 21 novembre 1852, no 326. (Bulletin bibliographique : résumé de M. Barbey d'Aurovilly.)

blic. Cette considération donnera à l'écrit beaucoup d'adhérents, puisqu'il aura pour but d'arriver au but vers lequel nous tendons. Ce but pour nous, c'est de démontrer l'intérêt général et l'intérêt particulier. Est-il rien de plus important, en effet, pour le propriétaire et pour le fermier, que d'avoir à leur disposition tous les documents propres à garantir leurs prétentions respectives. Or, pour atteindre à ce but, nous avons réuni les matières principales par des opérations tirées de nos recherches agricoles. Ce travail est le complément du premier volume qui devait paraître en 1850. Si cette publication n'a pas été mise au jour à l'époque où elle devait paraître, il faut en attribuer la cause à des motifs puissants que nos lecteurs sauront apprécier. D'ailleurs, nous avons remarqué que le premier volume, se trouvant augmenté aujourd'hui du double, serait trop dispendieux pour le public, et c'est dans l'intérêt général que l'auteur fait paraître cette petite brochure qui est moins compliquée, facile à comprendre et peu coûteuse.

Nous le répétons, ce travail, dont nul agriculteur ne peut se passer, est peu compliqué; il est le résultat d'un grand nombre de recherches agricoles, encore ignorées des savants qui ont traité jusqu'ici la matière. Ce travail deviendra, nous l'espérons, l'élément de la sécurité des gouvernemens, puisqu'il a pour principe et pour base l'incontestable garantie de la propriété.

La base sur laquelle nous nous sommes reposés découle des faits, que nous prouvons par un nouveau système d'amélioration progressive du sol et par conséquent de l'augmentation constante de ses produits. Il est vrai que c'est la cause que l'on cherche depuis longtemps, et il est fâcheux d'avoir à signaler que nos lois n'aient pu garantir jusqu'à présent les droits respectifs de chacun relativement à la location des immeubles. Nous sommes heureux de pouvoir combler cette lacune en démontrant à tous la valeur locative des biens immeubles composant le territoire français.

Nous n'entreprendrons pas d'expliquer dans une brochure si peu compliquée le moyen auquel nous avons eu recours pour établir la garantie dont il est ici question ; mais, pour y suppléer, nos lecteurs peuvent se reporter aux opérations qui se trouvent dans cet ouvrage, notamment à deux tarifs ; le premier, qui consiste à démontrer les locations de 1 à 10,000 fr. de revenu, les bénéfices et les déficits extraits des 2 1/2, 3, 4 et 5 0/0, plus la valeur principale (voir le tarif); le deuxième, qui indique le tarif des cours, ainsi que les bénéfices et déficits par hectolitre, résultant de la disproportion de ces cours (voir le tarif). Ces documents suffisent aux lecteurs pour les convaincre de la régularité des opérations.

Il est évident que l'agriculture aura conservé les souvenirs déplorables des événements politiques de 1848, époque où elle s'était élevée à un très haut degré. Ce dernier événement n'est pas le seul qui ait paralysé la position des cultivateurs. Toutes les fois qu'un pays éprouve des catastrophes plus ou moins funestes, il en résulte toujours un détriment non seulement pour l'agriculture, mais aussi pour toutes les parties commerciales et industrielles. Malheureusement les cultivateurs étaient loin de penser qu'ils auraient à lutter contre tant d'éventualités. Depuis quelques temps, se fondant sur l'assurance d'un crédit dont ils jouissaient depuis longues années, ils faisaient des reprises d'exploitations agricoles considérables, comptant sur la vente de leurs produits à des prix exagérés.

Depuis plusieurs années, un grand nombre de cultivateurs se sont vus forcés de quitter leurs fermes, qui ne pouvaient subvenir aux frais de culture, ou se trouvaient dans l'impossibilité de payer les redevances locatives, soit à cause des intérêts qu'ils servaient pour les reprises d'exploitations, soit parce que le sol ne produisait pas assez pour la location annuelle. La question va plus loin : nous croyons presque indispensable de faire remarquer qu'une partie des cessions agricoles ne se réalisent quelquefois qu'à 1/4 et à 1/3 au-dessus de la valeur réelle de l'exploitation. On peut éviter ces dangers à l'aide du résumé contenu dans le premier volume. (Voir, résumé agricole, troisième partie.)

Les propriétaires, dans les baux à ferme, interdisent aux cultivateurs le droit de céder le bail sans leur consentement, ce qui porte un grand préjudice au cessionnaire, attendu que les propriétaires ne donnent ce consentement qu'après avoir obtenu une augmentation de 5 à 6 fr. par hectare, ce qui leur est souvent accordé par la partie prenante. Cette augmentation est quelquefois des plus onéreuses, mais n'arrête pas pourtant la plupart des cultivateurs.

Aujourd'hui, cet ordre de choses est bien changé : la confiance n'existe plus, non plus que le crédit; la baisse des céréales a fait naître des déficits considérables chez tous les cultivateurs ; l'empressement pour les reprises agricoles a cessé, on en traite à des prix inférieurs à leur valeur antérieure, et, malgré la diminution de la location, les propriétaires, dans certaines localités, trouvent à peine à louer leurs fermes.

Les événements de 1848 sont arrivés très à propos pour servir de prétexte à beaucoup de cultivateurs. Il est vrai que ces événements ont accéléré la ruine d'un certain nombre; mais il faut reconnaître que la plupart d'entre eux marchaient sur un crédit qui ne pouvait plus durer. Malgré toutes les vicissitudes que la culture a eu à supporter depuis quelques années, nous voyons peu à peu la confiance et le crédit se rétablir par la sagesse de notre nouvel Empereur qui, dans sa haute raison, a su éviter ces tâtonnements auxquels il avait été forcé de s'abandonner avant que la lumière fût faite (I).

Les réflexions préalables, exposées dans le but de centraliser l'agriculture, peuvent donner, pour l'avenir, les lumières les plus efficaces, et on obtiendra pour résultat, d'arriver directement au bonheur de la société et d'en compléter l'œuvre déjà fort avancée. L'agriculture est heureuse d'avoir des hommes d'un haut savoir qui s'occupent continuellement des recherches les plus nécessaires (II).

La garantie ayant pour principe l'intérêt général et l'intérêt particulier, n'a jamais été en la possession de l'agriculture; au contraire, aucun moyen n'a jusqu'à présent été indiqué pour déterminer avec précision l'intérêt du propriétaire et celui du fermier.

Cette question, mise à l'étude depuis longtemps, est restée jusqu'à présent sans solution. Il est vrai que, pour garantir la position de chacun, la tâche est difficile. Malgré cette difficulté, les faits seuls ont droit d'occuper nos instants, et, dans l'espoir de faire disparaître cette lacune qui n'a cessé de paralyser la classe agricole, nous avons pensé que, par de nombreuses recherches tirées de la pratique, il était pos-

(I) Voir le *Moniteur des Communes* : 3 juin, la Sologne (travaux agricoles); — 1er juillet, circulaires adressées par le ministre de l'agriculture à MM. les préfets relativement : 1° à l'altération des plantes alimentaires et aux insectes nuisibles, 2° à la distribution des encouragements pour l'agriculture; 3° au drainage et à l'assainissement des terres; 4° au sel appliqué à l'agriculture ; 5° à une enquête sur les pertes éprouvées par l'agriculture. — 15 juillet, intérieur, statistique, création d'une commission cantonale; titre premier : formation et composition des commissions de statistique; titre deux : travaux des commissions de statistique ; titre trois : contrat des commissions cantonales ; titre quatre : dispositions générales ; titre cinq : dispositions transitoires. — 5 août 1852, instruction publique, enseignement pratique sur l'agriculture.

(II) Notamment M. F. de Sussez. Voir l'*Echo agricole*, 1er avril 1852 : congrès scientifique, économie agricole, théorie des bases et des sels dans la composition des plantes cultivées.

sible d'établir la solidarité réclamée par les parties. Ainsi que nous le démontrons, il faut admettre ou rejeter un problème qui a, par sa régularité, l'avantage de devenir le type régénérateur d'une ère nouvelle.

Pour se créer un nom et prendre place parmi les auteurs du jour, l'essai est douteux; cependant, quoique nous soyons arrivés à une époque où les sciences sont élevées à un haut degré de perfection par le nombre des ouvrages, notamment par ceux qui concernent l'agriculture, et malgré toutes les apparences de difficultés qui surabondent dans l'art de traiter des matières agricoles, nous allons essayer de nous faire connaître comme auteur d'un nouveau Traité d'agriculture.

Avant la publication d'un ouvrage que l'on destine à devenir le *Guide* de chacun, nous avons cru devoir prendre conseil d'hommes dignes de donner la lumière à ceux qui ne peuvent la posséder sans leur secours : voilà le véritable moyen de faire comprendre à ces mêmes hommes pratiques la nécessité d'un examen sérieux, afin qu'ils puissent admettre ou rejeter ce qui peut leur paraître vrai ou inadmissible dans les problèmes qui leur sont communiqués.

Les personnes qui se livrent à la lecture des ouvrages agricoles s'exposent à perdre leur temps et leur argent lorsque ces ouvrages ne sont pas formellement approuvés par une commission chargée d'en faire l'étude (1). Cette formalité une fois remplie suffit pour donner au titre le mérite d'avoir été l'objet d'une étude spéciale et l'œuvre de la pratique.

Notre intention n'a jamais été de marcher seul, comme font la plupart des auteurs. Il est convenable, avant la publication d'un ouvrage, de le faire approuver. Il devrait en être ainsi de tous les ouvrages agricoles, attendu que les

(1) Voir Commission agricole de l'arrondissement de Château-Thierry, rapports du 1er et du 9 juin 1850 et 1851.

commissions chargées d'en faire le rapport savent en apprécier le mérite, en décernant aux auteurs des récompenses plus ou moins méritantes. Or, une médaille de la valeur de *cinq* francs n'est pas l'objet d'un prix très précieux ; mais ceux qui les obtiennent jouissent d'un titre inappréciable. Ainsi, comme on le voit, bien que cette récompense ne soit pas très importante, nous n'en avons pas moins travaillé à l'œuvre que nous offrons aujourd'hui, et loin de pousser notre ambition à nous faire remarquer, nous n'avons eu que la seule pensée de nous rendre utile au bien-être de la société, de laquelle découle la sécurité d'un État.

CHAPITRE II.

Production partielle.

Nous allons maintenant démontrer, sans équivoque, quelles sont les matières que nous avons choisies pour servir de base à la composition de notre Traité sur l'agriculture. Les faits deviendront si clairs et si positifs, que tout le monde peut, de prime abord, remarquer l'ordre et l'importance du travail.

La première partie de l'ouvrage a pour but de démontrer,

dans une proportion équivalente, les frais et les reprises de toute exploitation agricole. Qu'elle soit plus ou moins importante, elle n'en devient pas plus embarrassante pour les parties contractantes. L'ordre et le classement mis en parallèle, en face des cessions et des reprises de culture, nous donnent lieu de croire que la confusion est impossible; la description, le nombre et la valeur des instruments aratoires s'y trouvent figurés, de même que le matériel indispensable à la tenue d'une bonne culture; on y trouve les produits de toute nature, les bénéfices et les déficits, calculés sur la valeur locative basée sur 2 1/2, 3, 4 et 5 p. 0/0 (1).

La seconde partie contient trois modèles de bail à ferme : le premier, à forfait; le second, mutuel, et le troisième est une redevance proportionnelle aux produits. Or, s'il existe une différence dans la forme de ces baux, cette différence n'existe pas au fond, et ne préjudicie en rien à la garantie vers laquelle nous tendons. Il est facile de comprendre que tout consiste à extraire le 100e centime, l'intérêt général et celui des parties.

Il faut admettre que nos recherches principales se rattachent à un principe qui a pour but de faire connaître aux rédacteurs de baux à ferme un moyen de garantie que nul n'a pu jusqu'ici réaliser dans la formule de ses baux. Or, ce que nous présentons comme praticable consiste à régler, par une nouvelle forme de bail, l'intérêt du bailleur et celui du preneur.

Le bail de ferme mal rédigé est presque toujours incomplet dans sa rédaction; il fait la fortune de l'un et la ruine de l'autre. Cet inconvénient nous paraît d'autant plus préjudiciable qu'il est encore la cause de la détérioration de la terre. Pour faire disparaître toutes ces irrégularités, qui sont les principales causes de la ruine totale de beaucoup de culti-

(1) Voir, dans cette brochure, *Tarif agricole*.

vateurs, il s'agit d'adopter des modèles de baux qui deviennent, par suite de leur application, la garantie commune des parties.

Pour faire cesser l'imperfection qui existe dans la rédaction des baux à ferme, nous avons pris pour base la location *à forfait,* comme étant la plus usitée dans ces sortes de locations. Il s'agit maintenant d'en démontrer la possibilité, en assurant aux parties une garantie incontestable.

Ce bail est d'une rédaction facile et se compose de quinze articles; les dix premiers sont applicables aux obligations du bailleur; les cinq autres aux obligations du preneur.

Nous allons maintenant démontrer la garantie que présente la location mutuelle et faire ressortir toute la simplicité dont elle est l'objet. Ce mode de location n'aura pas moins de garantie que le précédent, en ce qu'il est facile de fixer la valeur locative d'une manière régulière (1).

La rédaction du bail mutuel est moins compliquée que celle à forfait; cependant elle n'offre pas moins de garantie que la première; elle est pure et simple, et se compose seulement de huit articles qui lient entre eux les intérêts mutuels et respectifs des parties.

Un troisième modèle de bail à ferme vient confirmer la garantie des deux précédents, quoique déjà suffisamment garantis. Ce travail n'est pas d'une rédaction ordinaire; il n'est pas même l'œuvre de nos pensées ; c'est en définitif la température qui règle l'abondance ou la médiocrité des produits. Du reste, c'est à la Puissance divine à qui il appartient de couvrir la terre de ses bienfaits. Une pensée aussi saine que juste nous a permis d'insérer dans ce mode de location un article par lequel le bailleur et le preneur reconnaissent participer, dans une proportion émanée des articles 7, 9, 10 et 18, dans les pertes causées par suite de

(1) Voir, *location*, page 22, chapitre VI.

cas fortuits majeurs non prévus jusqu'à ce jour par nos législations civiles (I).

Le bail à redevance proportionnelle aux produits se compose de vingt-quatre articles, classés dans l'ordre suivant :

Les six premiers sont applicables aux obligations et aux charges du bailleur. Les autres regardent :

1° Les conventions particulières, voir articles 7 et 12 inclusivement ;

2° Le privilége du bailleur, voir article 22 ;

3° Le privilége du preneur, voir 23 et 24.

Nous sommes convaincu d'avance, et nos opérations vont le démontrer, qu'il est impossible a l'homme le plus érudit du notariat de rédiger un bail qui présente une garantie générale, qui puisse mettre à l'écart toute espèce de contestations qui deviendront toujours la ruine des parties. Voilà le contrat que l'on désire et qu'il est urgent de posséder. Il a pour forme nouvelle la garantie demandée. En résumé, pour en réaliser les clauses et les conditions, il n'est pas possible d'y parvenir sans avoir recours à nos procédés. Pour se convaincre des déficits, il s'agit d'extraire des produits tous les frais de culture, de quelque nature qu'ils soient; on obtient par ce moyen un certain bénéfice. Lorsque les cours présentent une valeur normale ou inférieure à ce chiffre, ce sont des déficits qui nous arrivent. L'exemple que nous allons produire est la base sur laquelle nous nous sommes fixés ; il représente les bénéfices ci-après : 1° 2 1/2 p. 0/0, bénéfice 4,629 francs; 2° 3 p. 0/0, 3,129 francs; 3° 4 p. 0/0, 129 francs ; 4° 5 p. 0/0, déficit 2,871 francs (II). Les bénéfices et le déficit produit des taux ci-dessus sont encore extraits du cours moyen de 16 francs l'hectolitre. Cette concordance n'est pas seulement applicable à la ga-

(I) Voir, *Recueil*, *Code Napoléon*, 5me partie, page 20, tome 1er.

(II) Voir, 2me partie, *Comparaison des cours.*

rantie; elle s'applique en outre à différents actes qui ont leur importance particulière (1).

Les trois modèles de baux dans le résumé partiel, dont il a été ci-devant parlé, ont, comme on a pu le remarquer, des formes différentes dans leurs rédactions. Il est certain que les conventions ont leurs stipulations particulières; mais au fond elles ne changent rien dans l'exécution de leurs garanties.

En résumé, les garanties que nous tirons de ces diverses locations ne sont pas prises au hasard; elles sont élaborées et sont le fruit de nos recherches agricoles; elles ont pour base la sécurité du Gouvernement, qui a pour but d'assurer à la société un bien-être digne de son nom. Les opérations qui suivent vont devenir les preuves évidentes de l'exposé ci-après.

Au moyen de ce résumé, toutes personnes peuvent acquérir, vendre, affermer et hypothéquer les immeubles non bâtis, sans les avis de qui que ce soit. Du reste, les formules d'actes que nous donnons pour modèle le démontrent.

Indiquer les moyens de rédiger un contrat qui fasse aux intéressés une part égale d'avantages, c'est préparer le plus bel avenir qu'il soit possible d'espérer. Cette garantie n'est pas l'expression des conventions stipulées dans nos actes; elle est le résultat d'une simple addition; il suffit : 1° de connaître le montant du revenu net de la propriété; 2° le montant de la contribution foncière; 3° la valeur locative, la base et le cours moyen de l'hectolitre, 16 francs; 4° les déficits et bénéficits extraits de la variation des cours des céréales, produits des 2 1/2, 3, 4 et 5 p. 1/2; 5° de la valeur des propriétés.

Si l'on veut connaître la valeur principale et locative d'une

(1) Voir, *Valeur principale des propriétés immobilières*, chapitre VI, page 22.

propriété, de même que les bénéfices et les déficits d'après le cours moyen, la chose est facile : que l'on consulte le tarif agricole, page 31, et le tableau ***Revenu, Contribution, Location, Bénéfice, Déficits, Valeur principale, Tarif des cours,*** page 42.

La base principale sur laquelle nous devons fixer notre attention s'arrête sur le classement des terres, comme point capital de la contribution foncière et des autres valeurs ci-dessus énoncées. Est-il possible de croire que ces opérations soient faciles ? On devra s'apercevoir du contraire d'après les observations ci-après.

En résumé, lorsqu'il s'agit de cadastrer un terroir, on le divise par section, par parcelles ; chacune d'elles a ses revenus proportionnels. Ces opérations sont-elles toujours analogues aux produits ? non, elles causent continuellement les réclamations des contribuables.

Nous croyons, en parlant de l'irrégularité du cadastre et de son classement, pouvoir dire que notre système d'opérer nous met hors de tout commentaire.

Il est vrai que, si ces sortes d'irrégularité existent dans le classement des terres, c'est par l'ignorance des commissaires experts plutôt que par des vues tracassières, attendu qu'ils sont étrangers à la localité, et par conséquent désintéressés dans ces sortes d'opérations.

Présentement, il n'y a plus lieu de faire naître le moindre doute à cet égard. Nous allons démontrer logiquement le moyen de connaître le revenu net de la terre, analogue à ses produits. Cette question, quoique déjà traitée, n'a pas encore reçu la solution désirable. Il faut convenir que le classement des terres est fait jusqu'à présent sans règle ni méthode, et que l'on ne peut affirmer que l'assise en est faite d'une manière conforme aux intérêts de tous.

CHAPITRE III.

Revenu net des propriétés non bâties.

Il résulte de mes opérations systématiques, concernant le classement des terres, une opération des plus importantes pour les contribuables, attendu qu'elle est la base de la contribution et de la valeur principale du fond des propriétés immobilières.

En somme, et pour en démontrer l'importance, nous allons mettre à la disposition du lecteur un nouveau système qui lui permettra d'en apprécier la régularité.

Certes, les Comices agricoles sont des institutions propres à donner à l'agriculture les moyens d'une amélioration progressive du sol; elles ne garantissent pas aux cultivateurs les risques auxquels ils sont exposés en dehors de ceux que l'on ne peut assurer, tels que les non-valeurs des cours et autres incidents causés par la température. Ces faits sont tellement avérés qu'ils ne peuvent être contestés par personne.

Cependant, malgré les lumières de MM. les membres composant ces sortes d'institutions, comme ils n'ont pu jusqu'alors réaliser un mode de garantie concernant l'intérêt général et celui des parties, leur dévoûment nous prouve qu'ils n'ont pas moins fixé leurs vues sur ce point.

En consultant, à cet égard, le programme du Comice agricole de l'arrondissement de Château-Thierry (Aisne), années 1850 et 1851, on lit : « Article 11. *A l'auteur du « modèle de bail de ferme qui conciliera mieux l'intérêt « général et celui des parties : prix unique, une mé- « daille d'or.* »

Or, pour mériter le prix proposé, nous avons pensé qu'il s'agissait de rédiger un modèle de bail dans lequel l'on ne puisse apercevoir le plus léger doute dans la garantie dont il est question; modèle qui se recommande non seulement par la rédaction, mais encore par des faits et par les moyens de le rendre praticable. Cette pensée, nous la croyons indispensable pour la régularité du travail, et sans avoir égard aux observations contradictoires de la part de la commission, nous dirons qu'il est fâcheux d'avoir à faire remarquer que MM. les membres chargés du rapport concernant le bail à ferme aient interprêté d'une manière contradictoire la question dont il s'agit.

CHAPITRE IV.

Modèle de Bail à ferme.

(Extrait du Rapport de la commission sur le Bail à ferme, 1850.)

Membres de la commission : MM. Léguillette (Frédéric), Duclère; Gilles, rapporteur.

« Messieurs,

« Depuis plusieurs années, le Comice agricole a proposé « un prix pour la personne qui présenterait un modèle de « bail de ferme qui concilierait le mieux l'intérêt général et « celui des parties.

« Deux concurrents se sont présentés; l'un, M. Larangot, maire de Villers-Agron, a remis un travail qui con-

« tient d'excellentes indications, des observations judi-
« cieuses; mais il n'a pas paru à la commission assez com-
« plet pour mériter le prix annoncé.

« Une médaille d'argent du premier ordre est décerné à
« son auteur, en lui réservant le droit de concourir de nou-
« veau, l'année suivante, après avoir complété son travail.

« M. Delizy, de Courchamps, a envoyé un travail plus
« complet, qui est arrivé au Comice après l'expiration du
« délai fixé par le programme. Comme l'ouvrage de M. De-
« lizy contient de nombreux renseignements, la commis-
« sion a proposé de lui décerner une médaille d'argent, ses
« droits étant également réservés pour concourir de nouveau
« l'année suivante. » (*Voir* Programme de 1850.)

CHAPITRE V.

Modèle de Bail à ferme.

(Extrait du Rapport de la commission de 1851.)

Membres de la commission : MM.....

« Messieurs,

« Depuis plusieurs années, le Comice agricole a proposé
« un prix pour le modèle de bail à ferme qui conciliera le
« mieux l'intérêt général et celui des parties.

« Il semble au premier abord que la tâche soit facile ;

« car ces intérêts sont les mêmes, et se résument pour la « société, comme pour le propriétaire et le fermier, dans « l'amélioration progressive du sol et l'augmentation cons- « tante de ses produits.

« Comment se fait-il alors que la solidarité, qui devrait « nécessairement exister entre le propriétaire et le fermier, « cède souvent la place à l'antagonisme le plus fâcheux? « que la communauté d'intérêt, naturelle pour une lutte « où chaque adversaire use ses forces, soit sans profit et « sans avantages?

« Cela tient à plusieurs causes : les unes ont leur source « dans les mauvaises passions de l'homme, qui lui font « souvent mettre en oubli les sentiments de justice et de « vertu que Dieu a placés dans le cœur de tous; nous n'a- « vons pas à nous en occuper.

« Les autres découlent d'un contrat incomplet ou souvent « mal rédigé, qui dirige les parties contre le but qu'elles « voudraient atteindre, en mettant en défiance l'un contre « l'autre le propriétaire et le fermier, c'est-à-dire deux « hommes auxquels l'intelligence et le bon accord sont in- « dispensables, et en plaçant en opposition directe et mani- « feste des intérêts qui ne peuvent exister qu'à la condition « qu'on se fera de mutuelles concessions.

« Ces considérations, Messieurs, sont extraites d'un tra- « vail qui nous a été présenté par M. Carré, d'Epieds, et « qui est soumis au concours ouvert par le Comice.

« Ce travail a paru à votre commission être fait avec « beaucoup de soin et rempli d'observations fort justes; il a encore le mérite de n'être pas conçu dans un esprit sys- « tématique et de ne pas réclamer de nouvelles dispositions « législatives.

« M. Carré indique les clauses qui lui paraissent de na- « ture à résoudre le problème dont il s'occupe; il en déve- « loppe les motifs. En supposant que vous n'adoptiez pas

« tous les principes qu'il fait valoir, il est impossible de ne « pas reconnaître que le plus grand nombre de ses prin- « cipes doit tendre à l'amélioration du sol, but constant de « nos efforts.

« Votre commission propose, en conséquence, de décerner « à M. Carré une médaille d'or.

« Une médaille d'argent de premier ordre est accordée à « M. Larangot, de Villers-Agron, pour un travail qu'il nous « a soumis sur le même sujet. Ce travail est consciencieu- « sement fait, mais il est moins complet que celui de « M. Carré.

« Un troisième travail, très-développé, nous a été remis « par M. Delizy, de Courchamps; mais il n'a pas paru à « votre commission rentrer dans le cadre tracé par le pro- « gramme; c'est un guide du propriétaire et du fermier, « contenant un grand nombre de calculs pour fixer le revenu « de la terre et la valeur locative, et ce n'est là qu'un point « de l'ensemble dont vous aviez réclamé l'étude (1). »

Ainsi qu'il résulte des rapports susénoncés, il est facile au lecteur d'en reconnaître la gravité.

En fait, le résumé que nous allons donner pour exemple va confirmer l'irrégularité de la garantie insérée dans le modèle du bail présenté par M. Carré, à qui le prix a été décerné.

(1) Les membres de la commission de 1851 voudront bien nous pardonner, si nous nous permettons de leur faire remarquer que l'amélioration du sol est impossible, si le chiffre locatif est ignoré des premiers. Or, le bail de M. Carré ne présente aucun chiffre qui puisse confirmer que le fermier obtiendra un bénéfice qui lui permettra d'être employé à l'amélioration du sol, qui est l'objet principal de l'article 11, concernant l'intérêt général.

CHAPITRE VI.

Modèle de culture.

1° Contenance, terre labourable, 150 hectares.
2° Valeur de l'hectare, 2,000 fr.; soit, 300,000 fr.
3° Revenu, 5,000 fr.
4° Contribution, cinquième, 1,000 fr.
5° Division des sols par tiers, soit, 50 hectares; moins un dixième pour prairies artificielles, soit, 45 hectares.
6° Division des sols par classes.

PRIX, PRODUITS ET VALEUR LOCATIVE. (Voir commune de Hautevesnes, canton de Neuilly-Saint-Front (Aisne), livre matricule.) (1)

Classe	hect.	Prix du revenu	Prix de l'hect.	
1re Classe.	24 hect.	Prix du revenu 63 francs.	Prix de l'hect. 3,780 francs.	90 720 francs.
2e	28	48	2,880	80 640
3e	31	36	2,160	66 960
4e	43	26	1,200	51 600
5e	24	7	420	10 080
	150		Total.	300,000 francs.

Produit par classe.

Hectares.	Classe.	Prix.	Revenu.	Contribution.	Location.	Prix de l'hectare.
24	1re	63 f.	1,512 f.	302 f. 40	2,177 f. 28	90 f. 72 c.
28	2e	48	1,344	268 80	1,935 36	69 12
31	3e	36	1,116	223 20	1,607 04	51 84
43	4e	20	860	172 ..	1,238 40	28 80
24	5e	7	168	33 60	241 92	10 08
			5,000 f.	1,000 f. ..	7,200 f. ..	

(1) Voir, 2me partie, tome 1er. *Classe des propriétés.*

Quels sont les lecteurs qui ne verront pas avec satisfaction et surprise que la terre peut, par ses produits, assurer à l'homme qui la cultive un bien-être inexprimable?

Chacun va s'écrier : Oh! quelle surprise pour le rédacteur des actes d'avoir ignoré jusqu'à présent la forme d'une garantie qui puisse faire à leurs clients une part égale d'intérêt! Il faut, sans commentaire possible, admettre que la terre et ses produits sont les seuls moteurs reconnus dignes de réaliser le vœu de l'article 11 des programmes dont il a été ci-devant parlé. Les solutions que nous donnons pour exemple le démontrent d'une manière si simple, si positive, que toute objection devient nulle et sans effet possible.

Les 150 hectares de terre ci-dessus désignés donnent un produit de 3,000 hectolitres ou 300,000 litres de blé (1). Ce produit, divisé par 60, va parfaitement répondre au prix du revenu. (Voir page 27 et suivantes.)

EXEMPLE :

PREMIÈRE OPÉRATION.

	60
Produit 300,000	
00	5,000 fr.

(Voir revenu, art. 3, page 17. — Tarif agricole, page 31.)

Si 300,000 litres de blé donnent un revenu de 5,000 fr., combien ce même revenu donne-t-il en principal?

DEUXIÈME OPÉRATION.

Revenu 5,000 fr.
par 60 fois la valeur.

300,000 fr. (Voir tarif agricole, page 31.)

TROISIÈME OPÉRATION.

Contribution.

	5
Revenu 5,000	
00	1,000

(Voir tarif agricole, page 31.)

(1) La valeur principale des 150 hectares, se trouvant extraite du produit, représente les 300,000 litres de céréales figurés par la 1re et la 8e opération inclusivement. (Voir pages 27 et 28.)

Valeur locative.

Contribution, 1,000 fr.
par 7 fr. 50 c.

50,000
7,000

7,500,00 (Voir tarif, agricole, page 31.

Ainsi qu'il résulte des opérations précédentes, la terre ne présente-t-elle pas ses produits de la manière la plus conforme aux intérêts de toutes les parties, et ne peut-on pas considérer comme nulles et sans garantie possible les réserves stipulées : 1° dans les actes de partage ; 2° dans les ventes et acquisitions immolières ; 3° dans les obligations hypothécaires et bail à loyer ? attendu qu'il résulte dans la rédaction de ces différents actes des clauses inexécutables ou propres à léser les droits respectifs des parties. (Voir Modèle de bail ; rapport de la commission, Comice agricole de Château-Thierry, 1851.)

Ces sortes de contrats, incomplets ou mal rédigés, ne deviennent-ils pas toujours la source d'un procès ? c'est ce qui est démontré par M. Carré dans ses considérations préliminaires. Ses sentiments sont-ils suivis d'un principe applicable à la garantie demandée ? non ; ils ne sont et ne peuvent être considérés que comme de vaines prétentions. Au reste, sur ce point, nous en référons à nos lecteurs, notamment à MM. les notaires, avoués et avocats ; nous désirons qu'ils nous disent s'il leur a été possible jusqu'alors de donner plus de garantie dans le style de leurs actes, que celle qui dérive des propres conventions des parties, et qui est réglée suivant les dispositions de nos lois civiles.

Or, nos considérations générales n'ont-elles pas pour but de prévenir et de rejeter les moindres lésions possibles, en fait et en droit ; nous devons tous travailler avec l'espoir d'en faire disparaître à jamais les moindres apparences ; voilà le véritable but vers lequel nous tendons. Il est vrai que la pensée de l'homme a quelque chose qui le porte vers le bien ; mais cette pensée n'est pas suffisante, il faut encore en démontrer la possibilité ; sans celle-ci, nous nous livrerons sans cesse au hasard d'un avenir qui nous est réservé par la Puissance divine. Pour démontrer aux hommes que Dieu leur a fait ici-bas une part proportionnelle de bonheur, nous allons figurer les divers produits de la terre.

CHAPITRE VII.

Production annuelle de la France.

On compte en France, savoir :

5,338,043 hectares ensemencés en froment, le tout produisant en moyenne 70 millions d'hectolitres de froment par année ; à 16 francs l'hectolitre, produit : 1 milliard 120 millions de francs.

On compte :

874,276 hectares ensemencés en méteil ;
2,638,948 hectares en seigle ;
1,300,186 hectares en orge ;
700,890 hectares en sarrasin ;
593,227 hectares en maïs et œillet ;
2,840,360 hectares en avoine.

Le tout produisant en moyenne, par année, la valeur d'un milliard.

L'assise du revenu, extrait des produits en blé, se trouve parfaitement démontrée par les précédentes opérations, etc. La production annuelle des diverses récoltes ci-dessus mentionnées nous oblige à de nouvelles opérations. Comme un certain nombre d'hectares de terre ne produisent que du méteil, du seigle et d'autres céréales, et qu'en résumé ces divers produits présentent des cours inférieurs à ceux du froment, la valeur locative et principale sera par conséquent moins forte. Comme on a pu le remarquer jusqu'à présent, nos opérations sur le classement des terres ont une concordance parfaite. On peut donc les considérer comme très régulières, puisqu'elles ont pour principe le point capital d'une garantie assurée ; elles seront pour nous un complément de plus à notre Traité.

Ordre sur le classement des terres. (Voir production annuelle de la France : 1° blé ; 2° méteil ; 3° seigle ; 4° orge ; 5° sarrazin, etc.)

Les productions ci-dessus figurées sont d'une valeur proportionnée à celles que produisent le blé : cette proportion n'existe pas seulement dans le rendement des gerbes ni du grain, mais encore dans le prix des diverses productions. Cette question a son intérêt particulier, et mérite d'être l'objet de quelques opérations qui ont pour but de garantir le propriétaire et le fermier de leurs disproportions naturelles.

Si nous rapportons les productions de la France, notamment celle du froment, c'est parce que ce sont les premières de l'agriculture ; il est donc naturel de s'en occuper avant de passer à ceux dont la valeur est moindre.

Il est donc parfaitement entendu que le cours moyen du blé est de 24 francs l'hectolite et demi ; que pour bien connaître le revenu de la terre, il faut diviser par 60 la quantité de litres produits par hectare ou par parcelle ; au moyen de cette opération on obtient le revenu net.

Il ne peut en être de même des autres produits, qui ont des cours inférieurs à celui du blé. Ainsi pour le méteil, dont l'hectolitre et demi vaut 20 francs, l'opération est la même que la précédente ; seulement il s'agit d'en soustraire 1/6 du chiffre produit par 1/6, qui reste le diviseur principal ; le reste est le chiffre du revenu, qu'il faut ensuite soustraire du premier nombre.

EXEMPLE :

CINQUIÈME OPÉRATION.

```
300,000 { 60
        { ─────────────          { 6
        { 5,000                  { ──────────
          20                     { 833,33 étant le 1/6 de 500,000
           20                       Somme à soustraire,   833,33
            20                                          ──────────
             20                          Revenu net.   4,166,67
           ────
             20
```

Si 300,000 litres de froment donnent pour revenu 5,000 f., combien la même quantité de méteil à raison de 20 fr. l'hectolitre et demi, de 13 centimes 13 centièmes le litre, donnera-t-elle ?

Réponse : 4,166 francs 67 centimes.

Si 150 hectares de méteil donnent un revenu de 4,166 fr. 67 centimes, combien la même quantité de seigle à raison de 16 francs l'hectolitre et demi, de 10 centimes 66 centièmes, donnera-t-elle ?

SIXIÈME OPÉRATION.

```
300,000 { 60 ───── { 3
00      { 5,000    { ──────────
                   { 1,666 fr. le tiers de 5,000 fr.
                          Soustraire      1,666 fr.
                                        ───────────
             Revenu net. . .              3,334 fr.
```

Les 150 hectares de terre en seigle donnant un revenu net de 3,334 francs, combien la même quantité de terre ensemencée en orge, à raison de 12 francs l'hectolitre, donnera-t-elle? Il suffit de diviser 5,000 par 2. (Voir l'opération ci-après.)

SEPTIÈME OPÉRATION.

Produit de 150 hectares de terre ensemencés en orge.

```
300,000 ) 60
00      )--------
        ( 5,000  ) 2
          10     )----------
         ---     ( 2,500 fr. de revenu.
          00
```

Si 150 hectares de terre ensemencés en orge donnent pour revenu net 2,500 francs, combien la même quantité de sarrasin, à raison de 8 francs l'hectolitre et demi, donnera-t-elle? Il suffit de prendre le tiers de 5,000 francs. (Voir l'opération ci-après.)

HUITIÈME OPÉRATION.

1/3 5,000 fr. ›› c.
Revenu 1,666 66

Réponse : 1,666 francs 66 centimes.

Les opérations précédentes confirment que la terre par ses produits peut donner une garantie inévitable, et qu'il deviendra facile à la géométrie de faire le classement des cadastres dans l'ordre le plus régulier (1). En conséquence,

(1) Pour parvenir à connaître l'assise du revenu net de la terre, objet principal de nos recherches, nous possédons tous les documents nécessaires pour en fixer le chiffre proportionnel aux cours et produits des céréales. Ce travail est un tarif par lequel les commissaires experts, chargés du classement des terres, peuvent se dispenser d'aucune opération. La complication de ce travail nous oblige d'attendre l'adoption du Gouvernement pour la publicité de l'ouvrage. La régularité de notre travail peut convaincre nos lecteurs que la géométrie doit posséder à l'avenir les meilleurs procédés qu'il soit possible d'obtenir, concernant le classement des propriétés immobilières.

les contribuables n'auront plus à l'avenir aucun sujet de former des réclamations concernant l'irrégularité de l'impôt foncier (I).

Pour les terres non productives en grains, tels que prés, bois, vergers, savarts, emplacement des propriétés bâties, les opérations sont différentes ; il suffit simplement de diviser la valeur principale par 6; alors on a le revenu net. (Voir l'opération ci-après.)

NEUVIÈME OPÉRATION.

150 hect. de terre à 2,000 fr. l'hectare, soit	300,000	6
	Revenu	5,000 fr.

La valeur locative des terres d'un produit autre que celui des céréales, s'opère d'après les opérations suivantes; il suffit de multiplier le montant du revenu par 15; on a pour résumé la valeur locative (II).

EXEMPLE :

	15
Revenu	5,000 fr.
Valeur locative	75,000 fr.

Rapport des locations en blé converties en argent.

1°	24 h.	567 lit., ou	5 h.	67 lit. à 16 c. le litre, soit	90 f.	72 c. l'hect.
2°	24	432	4	32	69	12
3°	31	324	3	24	51	84
4°	43	180	1	80	28	80
5°	24	63	0	63	10	08

Il est impossible de ne pas reconnaître l'intérêt général par les preuves multipliées de nos opérations. Partout où

(I) Voir, *Produit par classe*, chapitre VI, page 22.

(II) Voir, *Tarif agricole*, page 34.

3.

nous nous arrêtons, nouvelles solutions. (Voir les opérations ci-après.)

Si, dans une circonstance non prévue, il n'était pas facile de donner une valeur principale, à certaine propriété, que celle d'une location, il suffit pour connaître le revenu de la terre d'en diviser la nature locative par 9; on obtient par l'opération le revenu net.

Classe	Prix du revenu	Valeur locative l'hectare	
1re Classe.	Prix du revenu 63 f.	valeur locative l'hectare 567 27	9 litres. 63 fr.
2e	48	432 72 00	9 litres. 48 fr.
3e	36	324 54 00	9 litres. 36 fr.
4e	20	180 00	9 litres. 20 fr.
5e	7	63 00	9 litres. 7 fr.

(Voir prix des classes, produit et valeur locative, p. 22).

Nous avons promis à nos lecteurs qu'ils trouveront dans notre Traité d'agriculture toutes les garanties désirables : pour les en convaincre, nous allons mettre à leur disposition un tarif des bénéfices et déficits, extraits des revenus de la terre. (Voir les opérations ci-après. — Voir, revenu : 5,000 francs; bénéfice : 4,629 francs; cours moyen : 16 francs l'hectolitre; taux : 2 1/2 p. 0/0. — Voir produit des 45 hectares de blé, page 31.)

Pour se convaincre de la régularité de nos opérations, le moyen est des plus faciles; il suffit de diviser les bénéfices et les déficits par 5,000, qui est le revenu. On a pour résumé au franc de revenu, les francs, centimes et centièmes de centime. (Voir opérations 1re, 2e, 3e et 4e.)

1re. 2 1/2 p. % bénéfice 4,629 fr. | 5,000 fr. revenu.
129 | 92 centimes 58 centièmes.
290
40
00

2me. 3 p. % bénéfice 3,129,0000 | 5,000 revenu.
129 | 62 centimes 58 centièmes.
290
400
00

3me. 4 p. % bénéfice 129,0000 | 5,000 revenu.
290 | 2 centimes 58 centièmes.
400
00

4me. 5 p. % déficit 2,871,0000 | 5,000 revenu.
371 | 57 centimes 42 centièmes.
210
100

Les opérations ci-dessus confirment que les chiffres obtenus par les 5,000 francs, que nous prenons pour diviseur, sont les bénéfices et les déficits du franc du revenu et des taux des placements. (Voir le Tarif ci-après, Produits des revenus.)

CHAPI

TARIF

VALEUR PRINCIPALE ET LOCATIVE DES PRO

Ce travail est le résumé extrait du *Guide de l'Agriculteur* les produits et bénéfices de 1 à 10,000 fr. de revenu, moyen des céréales, 16 fr. l'hectolitre.

Noms et demeure des propriétaires.	Nos du PLAN	Revenu.	Contribution.	Location 2 1/2 %.	BÉNÉFICE.	Location 3 %.	BÉNÉFICE.
		fr.	fr. c.	fr. c.	fr. c. c.	fr. c.	fr. c. c.
		1	» 20	1 50	» 92 58	1 80	» 62 58
		2	» 40	2 »	1 86 16	3 60	1 25 16
		3	» 60	4 50	2 77 74	5 40	1 87 74
		4	» 80	6 »	3 70 32	7 20	2 50 32
		5	1 »	7 50	4 62 90	9 »	3 12 90
		6	1 20	9 »	5 56 48	10 80	3 75 48
		7	1 40	10 90	6 48 06	12 60	4 38 06
		8	1 60	12 »	7 40 64	14 40	5 » 64
		9	1 80	13 50	8 33 22	16 20	6 25 80
		10	2 »	15 »	9 25 80	18 »	12 51 60
		20	4 »	30 »	18 51 60	36 »	12 60 »
		30	6 »	41 »	27 77 40	54 »	18 67 40
		40	8 »	60 »	37 03 20	72 »	25 03 20
		50	10 »	75 »	46 29 »	90 »	31 29 »
		60	12 »	90 »	55 54 80	108 »	37 54 80
		70	14 »	105 »	64 80 60	126 »	43 79 60
		80	16 »	120 »	74 06 04	144 »	50 06 40
		90	18 »	135 »	83 32 20	162 »	56 32 20
		100	20 »	150 »	92 58 »	180 »	62 58 »
		200	40 »	300 »	185 16 »	360 »	125 16 »
		300	60 »	450 »	277 74 »	540 »	187 74 »
		400	80 »	600 »	370 32 »	720 »	250 32 »
		500	100 »	750 »	462 90 »	900 »	312 90 »

TRE VIII.

AGRICOLE.

PRIÉTÉS IMMOBILIÈRES DE TOUTE LA FRANCE.

pratique, où on trouve, par les calculs les plus réguliers, taux des placements à 2 1/2, 3, 4 et 5 p. %, bases et prix

LOCATION 4 %.		BÉNÉFICE.			LOCATION 5 %.	DÉFICIT.			VALEUR PRINCIPALE.
fr.	c.	fr.	c.	c.	fr.	fr.	c.	c.	fr.
2	40		2	58	3	»	57	42	60
4	80		5	16	6	1	14	84	120
7	20		7	74	9	1	72	26	180
9	60		10	32	12	2	29	68	240
12	» »		12	90	15	2	87	10	300
14	40		15	48	18	3	44	52	360
16	80		10	06	21	4	01	94	420
19	20		20	64	24	4	59	36	480
21	60		23	32	27	5	74	20	540
24	» »		25	80	30	11	48	40	600
48	» »		51	60	60	11	48	40	1,200
72	» »		67	40	90	17	22	60	1,800
96	» »	1	03	20	120	22	96	80	2,400
120	» »	1	29	» »	150	27	71	» »	3,000
144	» »	1	54	80	180	34	45	20	3,600
168	» »	1	80	60	210	40	19	40	4,200
192	» »	2	06	40	240	45	93	60	4,800
216	» »	2	32	20	270	51	67	80	5,400
240	» »	2	58	» »	300	57	42	» »	6,000
480	» »	5	16	» »	600	114	84	» »	12,000
720	» »	7	74	» »	900	172	26	» »	18,000
960	» »	10	32	» »	1,200	229	68	» »	24,000
1,200	» »	12	92	» »	1,500	287	10	» »	30,000

TARIF

VALEUR PRINCIPALE ET LOCATIVE DES PRO

Ce travail est le résumé extrait du *Guide de l'Agriculteur* les produits et les bénéfices de 1 à 10,000 fr. de revenu, des céréales, 16 fr. l'hectolitre.

NOMS et demeure des propriétaires	Numéro du PLAN.	Revenu.	Contributions	Location 2 1/2 p. 0/0	BÉNÉFICE.	Location 3 p. 0/0.	BÉNÉFICE.
		fr.	fr.	fr.	fr. c.	fr.	fr. c.
		600	120	900	555 48	1,080	375 48
		700	140	1,050	648 66	1,260	458 06
		800	160	1,200	740 64	1,440	500 64
		900	180	1,350	823 22	1,620	563 22
		1,000	200	1,500	925 58	1,800	625 80
		2,000	400	3,000	1,851 60	3,600	1,251 60
		3,000	600	4,500	2,774 40	5,400	1,874 40
		4,000	800	6,000	3,703 20	7,200	2,503 20
		5,000	1,000	7,500	4,629 »	9,000	3,129 »
		6,000	1,200	9,000	5,554 80	10,800	3,754 80
		7,000	1,400	10,500	6,480 60	12,600	4,380 60
		8,000	1,600	12,000	7,406 40	14,400	5,006 40
		9,000	1,800	13,500	8,332 20	16,200	5,626 80
		10,000	2,000	15,000	9,258 »	18,000	6,258 »

Ce tarif est le résumé complet de nos recherches agricoles ; il est le guide et le régulateur des propriétaires et des cultivateurs. Toute personne peut connaître, avec une simple multiplication et une addition : 1° les revenus de la terre ; 2° le montant des contributions ; 3° la valeur locative ; 4° les bénéfices et les déficits de la culture ; 5° la valeur principale de la propriété immobilière de toute la France.

EXEMPLE :

1° Revenu, 5,000 fr. ; location 2 1/2 0/0, 7,500 f. ; bénéfice, 4,629 f.
2° Revenu, 10,000 15,000 9,258

Revenu, 15,000 fr. Location, 22,500 f. Bénéfice 13,887 f.

AGRICOLE.

PRIÉTÉS IMMOBILIÈRES DE TOUTE LA FRANCE.

pratique, où on trouve, par les calculs les plus réguliers, taux des placements 2 1/2, 3, 4 et 5 p. °/o, base et prix moyen

Location 4 p. 0/0.	BÉNÉFICE.		Location 5 p. 0/0.	DÉFICIT.		VALEUR PRINCIPALE.
fr.	fr.	c.	fr.	fr.	c.	fr.
1,400	15	48	1,800	344	52	36,000
1,680	18	06	2,100	401	94	42,000
1,920	20	64	2,400	459	36	48,000
2,160	23	32	2,700	516	78	54,000
2,400	25	80	3,000	574	20	60,000
4,800	51	60	6 000	1,148	40	120,000
7,200	74	40	9,000	1,722	60	180,000
9,600	103	20	12,000	2,286	60	240,000
12,000	129	»	15,000	2,871	»	300,000
14,400	154	80	18,000	3,445	20	360,000
16,800	180	60	21,000	4,019	40	420,000
19,200	206	40	24,000	4,593	60	480,000
21,600	232	20	27,000	5,167	80	540,000
24,000	258	»	30,000	5,742	»	600,000

Les opérations précédentes démontrent les bénéfices d'un revenu de 15,000 francs. Nous allons maintemant donner l'exemple des déficits extraits de ce même revenu.

EXEMPLE :

Principal, 300,000 fr.	Revenu, 5,000 fr.,	location 5 p. °/°, 15,000 fr.,	déficit, 2,871 fr.
600,000	Revenu, 10,000	30,000	5,742
900,000	Revenu, 15,000 fr.	Location, 15,000 fr.	Déficit, 8,613 fr.

Les bénéfices et déficits, indiqués au Tarif agricole, sont les résultats d'un cours moyen de 16 francs l'hectolitre : or, si les cours sont plus ou moins élevés que le chiffre moyen, il est indispensable d'avoir recours à de nouvelles opérations.

Ces opérations sont les résumés des variations des cours des différentes natures de céréales, notamment ceux des blés, comme étant l'objet principal de nos recherches. L'importance en est grande; aussi nous empressons-nous de les démontrer, attendu qu'elles ont pour l'intérêt du propriétaire et celui du fermier le but d'une garantie qu'ils n'ont pu obtenir jusqu'à présent.

Nous avons reconnu qu'il n'existe aucun doute possible sur la pratique et sur l'intelligence des fermiers. Quoi qu'il en soit, il pourrait exister chez certains hommes un défaut d'aptitude ou d'insouciance qui peut influer sur l'état productif de la terre ; heureusement nous avons la conviction la plus certaine qu'elle n'est jamais ingrate dès lors que le cultivateur lui fait le moindre sacrifice tendant à son amélioration, et par conséquent il devient facile au fermier laborieux de subvenir aux frais de culture et d'en payer facilement la redevance locative. Quand il en est autrement, tout le monde souffre, la classe ouvrière est mal payée, et le propriétaire en est quelquefois pour la perte de ses locations.

Or, cette dernière opération va prouver d'une manière incontestable que certaines propriétés sont affermées à des prix irraisonnables, de manière qu'il n'est pas possible aux fermiers de remplir leurs obligations, quoiqu'ils obtiennent des produits analogues au revenu de la terre et que la vente des céréales réalise le chiffre moyen de 16 francs l'hectolitre.

Si cette opération est une garantie pour le fermier, elle n'en est pas moins intéressante pour le propriétaire, attendu qu'elle a pour principe de démontrer qu'il se trouve des propriétés affermées à un tiers et même à moitié de leur valeur locative. Il est certain qu'une location non proportionnée aux ressources de la terre appauvrit nombre de cultivateurs, tandis que d'autres deviennent plus riches que leur propriétaire.

N'est-on pas convaincu que la plupart des fermiers déploient un zèle et une intelligence au-dessus de tout éloge? Les rapports des Comices agricoles n'en donnent-ils pas la preuve par des récompenses décernées aux personnes qui se livrent à l'amélioration de la terre? L'augmentation des produits que nous obtenons aujourd'hui sont immensément augmentés, en comparaison de ceux que l'on obtenait il y a cinquante ans.

L'agriculture n'est-elle pas en quelque sorte régénérée, et n'avons-nous pas lieu d'en espérer à l'avenir les plus beaux résultats? Or, pour en assurer le succès et la garantir des maux dont elle est sans cesse menacée, il faut s'empresser de faire connaître aux propres les causes qui la paralysent.

N'est-il pas pénible, pour la classe agricole, de voir exercer des poursuites judiciaires à la requête des propriétaires, pour cause d'inexécution de paiement locatif? La rigueur en est si frappante, qu'il n'est pas possible de s'abstenir d'en parler. Voilà une des principales causes qu'il faut combattre et faire disparaître au plus vite.

Pour prouver que les modèles de baux à ferme sont restés jusqu'à présent incomplets, notamment celui qui a été soumis à l'examen de la commission de 1851 (1). On lit dans ce rapport : « La garantie générale est une tâche des plus « facile à remplir, etc. » Il est vrai que quelques auteurs en ont légèrement effacé quelques nuances; mais toujours est-il qu'ils n'ont qu'imparfaitement atteint le but de l'article 11 du programme.

(1) Voir chapitre V, page 19 et suivantes.

Il est évident que nous avons comblé le vide qui entache, jusqu'à présent, la plupart des clauses stipulées dans la rédaction des baux à ferme; nos opérations le prouvent assez clairement pour en justifier.

Nos lecteurs sont convaincus que notre système est en opposition directe avec l'ouvrage de M. Carré, quoique rédigé avec un style qui fait honneur à son auteur. C'est fâcheux qu'il ne prouve pas ce qu'il croit possible. Rester plus longtemps sans se justifier, c'est faire retraite et se condamner soi-même.

Si nous mettions en oubli l'intérêt respectif des propriétaires, la tâche que nous nous sommes imposé de faire disparaître ne serait qu'incomplètement effacée, et cela par un motif bien simple. Certains propriétaires ne sont-ils pas obligés de vendre leurs propriétés, à cause de la modicité de leur revenu locatif, ou se voir restreints à ne pouvoir figurer dans la classe qu'ils ont droit d'occuper? Nous considérons ceci comme illégal, attendu qu'il est possible de mettre en équilibre la position connue des parties.

Le tarif des cours et les opérations suivantes vont le confirmer, comme le désire l'article 11 du programme de 1851.

Il est un fait, c'est que l'ignorance des parties les conduit très souvent à de pénibles repentirs. Leur donner un moyen qui puisse les sauvegarder de tous les risques auxquels l'agriculture est assujettie, c'est, nous le croyons, faire un acte de plus pour le bien public (1).

Nous donnons la formule de cet acte, et pour plus de conviction concernant la garantie dont il est question, nous allons satisfaire nos lecteurs en nous justifiant par une double preuve.

Nous avons précédemment dit que les bénéfices et les dé-

(1) Voir, *Table des matières agricoles*, tome Ier, 2me partie : *1° location à forfait; 2° location mutuelle; 3° location proportionnelle aux produits.*

ficits, extraits du revenu de la terre, nous paraissent insuffisants à couvrir les frais et locations de différentes exploitations. Cette insuffisance n'existe que par l'irrégularité des cours des produits, et dans une proportion plus ou moins abondante des récoltes; c'est de celles-ci que dérive le chiffre des bénéfices et des déficits. Le cultivateur n'y peut rien; il est donc urgent de démontrer le chiffre proportionnel de l'augmentation, comme aussi de la diminution d'après le cours moyen de 16 francs l'hectolitre.

Si cette opération est différente des précédentes, elle n'en est pas moins régulière. Nous avons cru devoir diviser les bénéfices et les déficits, en prenant pour base les 1,125 hectolitres, produit des 45 hectares de blé. (Voir l'opération ci-après.)

```
1° Bénéfice, 2 1/2 p. %, 4,629,0000 | 1,125 hectolitres.
                         01290      | 4 fr. 11 c. 46 centièmes.
                          01650
                           05250
                            0750
                            ----
                             750
```

2 1/2 p. 100 de location présente au fermier un bénéfice de 4 francs 11 centimes 46 centièmes par hectolitre de 16 francs.

```
2° Bénéfice, 3 p. % 3,129,0000 | 1,125 hectolitres.
                    08790      | 2 fr. 78 c. 13 centièmes.
                     09150
                      01500
                       03750
                      ------
                       0375
```

Le 3 p. 100 de location présente au fermier un bénéfice de 2 francs 78 centimes 13 centièmes par hectolitre de 16 francs.

3° Bénéfice, 4 p. % 129,0000 | 1,125 hectolitres.

00650	11 cent. 46 centièmes.
0520	
0750	
750	

Le 4 p. 100 de location présente au fermier un bénéfice de 11 centimes 46 centièmes par hectolitre de 16 francs.

4° Déficit, 2,871,0000 | 1,125 hectolitres.

06211	2 fr. 55 c. 20 centièmes.
05860	
02350	
0000	

Le 5 p. 100 de location met le fermier en déficit de 2 francs 55 centimes 20 centièmes par hectolitre de 16 francs.

(Voir ci-après, le Tarif des cours.)

CHAPITRE IX.

TARIF DES COURS.

2 1/2 p. %, bénéfice par hectol., cours moyen 16 fr.				3 p. %, bénéfice par hectolitre, cours moyen 16 fr.		
1	4 f.	11 c.	46 c.	2 f.	78 c.	13 c.
2	8	22	92	5	56	26
3	12	34	38	8	34	39
4	16	45	84	11	12	52
5	20	57	30	13	90	65
6	24	68	76	16	68	78
7	28	80	22	19	46	91
8	32	91	68	22	25	04
9	37	03	14	25	03	17
10	41	14	60	27	81	30
20	82	29	20	55	62	60
30	123	43	80	83	44	90
40	164	58	40	111	25	20
50	205	73	»	139	06	50
60	246	87	60	176	87	80
70	288	03	20	194	69	10
80	329	16	80	222	50	40
90	370	31	40	250	31	70
100	411	46	»	278	13	»
200	822	92	»	556	26	»
300	1,234	38	»	834	39	»
400	1,645	84	»	1,112	52	»
500	2,057	30	»	1,590	75	»
600	2,468	76	»	1,678	78	»
700	2,880	32	»	1,946	91	»
800	3,291	68	»	2,225	04	»
900	3,703	14	»	2,503	17	»
1,000	4,114	60	»	2,781	30	»

TARIF DES COURS.

4 P. % BÉNÉFICE PAR HECTOL., COURS MOYEN 16 FR.	5 P. % DÉFICIT PAR HECTOL., COURS MOYEN 16 FR.
» F. 11 C. 46 C.	2 F. 55 C. 20 C.
» 22 92	5 10 40
» 34 38	7 65 60
» 45 84	9 20 80
» 57 30	12 76 »
» 68 76	15 31 20
» 80 22	17 86 40
» 91 68	20 41 60
1 03 14	22 96 80
1 14 60	25 52 »
2 29 20	51 04 »
3 43 80	76 56 »
4 58 40	102 08 »
5 73 »	127 60 »
6 87 »	153 12 »
8 62 20	178 64 »
9 16 80	204 16 »
10 31 40	229 68 »
11 46 »	255 20 »
22 92 »	510 40 »
34 38 »	765 60 »
45 84 »	1,020 80 »
57 30 »	1,276 » »
68 76 »	1,531 20 »
80 22 »	1,789 » »
91 68 »	2,041 60 »
103 14 »	2,296 80 »
114 60 »	2,552 » »

Pour démontrer que nos calculs sont réguliers, nous allons par des additions réaliser les bénéfices et les déficits, produit des 1,125 hectolitres du cours moyen de 16 francs l'hectolitre.

1er Bénéfice 2 1/2 p. %.	Voir	1°	1,000 hect.	4,114 fr.	60 c.	» c.
		2°	100	411	46	»
		3°	20	82	29	20
		4°	5	20	57	30
		5°	»	»	7	50
			1,125 hect.	4,629 fr.	»» c.	»» c.

2me Bénéfice 3 p. %.	Voir	1°	1,000 hect.	2,781 fr.	30 c.	» c.
		2°	100	278	13	»
		3°	20	55	62	60
		4°	5	13	90	65
		4°	»	»	3	75
			1,125 hect.	3,129 fr.	»» c.	»» c.

3me Bénéfice 4 p. %.	Voir	1°	1,000 hect.	114 fr.	60 c.	» c.
		2°	100	11	46	»
		3°	20	2	29	20
		4°	5	»	57	30
		5°	»	»	7	50
			1,125 hect	129 fr.	» c.	»

4me Bénéfice 5 p. %.	Voir	1°	1,000 hect.	2,552 fr.	» c.	» c.
		2°	100	255	20	»
		3°	20	51	04	»
		4°	5	12	76	»
			1,125 hect.	2,871 fr.	»» c.	»» c.

Ainsi que nous l'avons promis, l'intérêt général et celui des parties se trouve démontré et est prouvé jusqu'à l'évidence. Nous pouvons donc dire maintenant que notre tâche est remplie, puisqu'elle est couronnée d'une multitude de preuves que le lecteur est à même de vérifier.

Est-il possible de croire que l'homme ait assez peu d'intelligence pour ne pas connaître les bénéfices ou les déficits que peut produire un hectolitre de blé d'après la variation des cours figurés au tarif, pages 41-42? Le résumé de nos recherches, dispense les personnes de savoir lire et écrire; une seule addition suffit pour connaître les bénéfices et les déficits que le fermier peut obtenir par hectolitre, etc. Il est prouvé, par les opérations précédentes, que le fermier a 4 francs 11 centimes 46 centièmes de bénéfice de 16 francs. Or, il s'agit d'un franc d'augmentation par hectolitre, l'opération est des plus simples. Ainsi :

1er. — 2 1/2 pour 1,000 hectolitres, bénéfice. . .	4,114 fr. 60 c.
Plus, augmentation, 1 fr. par hectolitre. .	1,000 »
Bénéfice. . .	5,114 fr. 60 c.
2e. — 3 p. 0/0 bénéfice, voir mille hectolitres de bénéfice.	2,781 fr. 30 c.
Augmentation, 1 franc par hectolitre. . .	1,000 »
Bénéfice. . .	3,781 fr. 30 c.
3e. — 4 p. 0/0 bénéfice, voir mille hectolitres de bénéfice.	114 fr. 60 c.
Augmentation, 1 franc par hectolitre. . .	1,000 »
Bénéfice. . .	1,114 fr. 60 c.
4e. — 5 p. 0/0, mille hectolitres, déficit.	2,552 fr. » c.
Diminution par hectolitre 1 franc, voir cours de 17 fr. l'hectolitre.	1,000 »
Déficit. . .	1,552 fr. » c.

CHAPITRE X.

Observation sur la diminution des Cours.

Il est facile de comprendre par les opérations ci-dessus, que l'augmentation sera toujours le résultat d'une addition extraite des taux produisant certains bénéfices ; pour ceux qui produisent des déficits, il est nécessaire d'en soustraire le montant des chiffres proportionnels des déficits.

EXEMPLE.

Diminution des Cours, (voir Tarif, page 20).

Mille hectolitres, bénéfice 2 1/2 p. 0/0,	4,114 fr. 60 c.
Diminution par hectolitre	1,000 »
Bénéfice. . .	3,114 fr. 60 c.

S'il était possible de donner une meilleure garantie que celle que nous proposons par notre traité d'agriculture, nous serions les premiers à en féliciter l'auteur, comme aussi de répondre à toutes les objections qui peuvent nous être signalées, dès lors que nous les jugerons raisonnables et intéressantes pour le public, seul et unique but de notre travail.

On voit combien ont été rapides dans ces derniers temps les progrès de l'agriculture, si l'on en croit M. Carré, auteur du Modèle de bail de ferme. Il semble, au premier abord, que la tâche soit facile, car ces intérêts sont les mêmes et se résument, pour la société comme pour le propriétaire et le fermier, dans l'amélioration progressive du sol, et l'augmentation constante de ses produits.

Il est vrai que l'homme n'est pas le maître de disposer des causes mystérieuses, dont la Providence s'est réservé le secret, et qu'il y a des années fatales où les fruits de la terre sont insuffisants pour nourrir les populations qui l'habitent (1).

Dans les temps reculés, l'histoire nous montre la famine devenue en quelque sorte une maladie périodique. Alors, des villes entières étaient dépeuplées par la famine ; au moyen-âge, le fléau n'était ni moins fréquent, ni moins cruel : on a calculé que tous les dix ans, à peu près, il ravageait l'Europe ; les récits des chroniqueurs nous ont appris combien il était meurtrier. Quand la guerre avait ravagé les champs; quand le sol, fatigué par une culture inintelligente, restait avare de ses dons, la famine apparaissait. De nombreuses bandes de malheureux, hâves, amaigris, parcouraient les route, semaient des cadavres sur leur passage; le désespoir et la rage les poussaient à tous ces excès, et il fallait, pour mettre fin à leurs crimes, traquer et détruire comme des bêtes fauves, ces bandes affamées. A une époque plus récente, à la fin du siècle dernier, des malheurs moins affreux sans doute, mais qui ne faisaient que trop de victimes, décimaien encore en France les popnlations, malgré la fécondité merveilleuse de notre territoire, malgré la douceur de notre climat, malgré les progrès du commerce et de l'industrie.

En est-il de même aujourd'hui? La famine n'existe plus, le mot lui-même ne peut plus être employé, grâce à l'intelligence de l'agriculteur.

La société ne doit-elle pas voter des remercîments en

(1) Nous avons pour exemple le déficit des produits agricoles de 1853.

l'honneur de ceux qui se dévouent pour le bien public, en considérant les avances énormes de fonds et les pénibles travaux que nécessite la culture de la terre? Or, s'il en était tout autrement, nous serions les premiers à accuser les hommes d'ingratitude; mais nous avons la conviction du contraire : l'union qui existe maintenant parmi la société, nous prouve que le peuple est toujours reconnaissant quand il a confiance à son avenir. Le Plébiciste de 1852 est, pour la France, un titre qui se perpétuera dans l'histoire des temps et qui nous prouve aujourd'hui que la France s'est dévouée en faveur de l'empire, par reconnaissance des bienfaits de S. M. Louis-Napoléon III, Empereur des Français.

L'agriculture n'a donc aucune crainte pour l'avenir; elle peut se reposer sur la confiance du peuple qui saura, dans toutes les circonstances les plus difficiles, la secourir et la faire respecter. L'exemple que la France vient de nous donner n'a pas besoin de commentaire.

Qui peut contester que l'agriculture n'a pas fait de progrès? à peine, en cinquante années, avons-nous eu deux fois la disette. La propriété rurale, divisée à l'infini, reçoit partout une destination utile. Peu à peu l'agriculture se perfectionne : et l'expérience, éclairée par la science, triomphe de la routine.

Ménagé avec soin, le sol, loin de s'épuiser par la culture, va sans cesse s'enrichissant de nouvelles substances alimentaires. Ces conquêtes pacifiques de l'art du laboureur, augmentant le nombre des produits agricoles, permettent de suppléer, par l'abondance des uns, à l'indigence momentanée des autres.

La prévoyance de l'administration publique, les efforts de tous les citoyens sont là si, par malheur, une année de stérilité venait mettre à l'épreuve les populations laborieuses du pays.

Avons-nous besoin de faire connaître entiérement aux aux lecteurs, l'accueil favorable et systématique qui a été fait par les journaux de toutes les nuances au décret motivé, par lequel une commission vient d'être créée à l'effet d'examiner tous les ouvrages soumis à la vente publique; ce décret n'a-t-il pas pour but de régler les ouvrages, tant religieux que politiques, que la commission jugera dangereux. Ce moyen, il faut l'admettre, est le seul capable de garantir le salut de la société : devant lui les préjugés et les défiances se taisent; la voix de la raison parle seule et l'opinion approuve avec une imposante unanimité.

La commission n'a-t-elle pas à s'occuper des différentes questions dont il est parlé plus haut? nous croyons le contraire. Sa mission s'applique sans doute à tout ce qui a rapport à l'intérêt général, notamment aux ouvrages agricoles. Il est vrai que ceux-ci n'ont aucune apparence dangereuse contre l'ordre religieux, moral et politique; mais il n'en sont pas moins pernicieux pour l'agriculteur, lorsque l'auteur décrie des choses qu'il ne croit pas et qu'il ne peut réalier lui-même. N'est-il pas urgent que la commission ait les yeux fixés sur des ouvrages qui méritent d'être classés dans un ordre particulier attendu qu'ils sont les seuls qui traitent de l'extstence matérielle de l'homme? Nous avons tout lieu d'espérer que nous sommes arrivés à l'époque où tous les abus vont cesser; c'est, il fau en convenir, le plus grand acte que nous attendions du Gouvernement.

AVIS AUX LECTEURS.

Lecteurs qui me lisez, dépouillez un moment vos passions en parcourant cette brochure agricole, dans laquelle nous traitons les plus grandes questions qui puissent, dans tous les moments de crise, occuper les hommes, notamment sur la variation des cours des céréales ; voyez combien l'agriculture est exposée à snbir des déficits dans les r é coltes, qui quelquefois promettent beaucoup et deviennen- très médiocres lorsque des temps fâcheux nous arrivent au moment de moissonner. C'est ce qui nous est arrivé pour celle de 1853, avec les plus belles apparences. Le manque de rendement, qui nous est signalé, est presque général ; aussi nous voyons les cours se maintenir à des prix très élevés. En prévenir la cause, cela est impossible aux hommes.

Méditez attentivement le sujet avec l'auteur, calculez les opérations et la source de leurs principes, vous aurez, comme lui, le droit de publier que la position de la société se trouve garantie de la manière la plus formelle. En récompense, l'auteur ne se flatte pas de vous apporter du génie ; mais il a la conviction que vos intérêts sont garantis, sans qu'il soit possible à aucun rédacteur d'y insérer aucune clause propre à léser l'intérêt commun des parties (1). Voilà la question principale que nous traitons.

---

(1) Voir tome 1er : 1° Location à forfait ; 2° Location mutuelle ; 3° Location proportionnelle aux produits.

Depuis longtemps, cette question d'intérêt est mise à l'ordre; elle est devenue l'objet des recherches les plus intéressantes, attendu qu'elles ont pour base la forme d'une garantie possible, non-seulement dans le sens de leurs rédactions, mais encore par des preuves extraites d'une multitude d'opérations indispensables à leur exécution. Il est évidemment démontré par notre ouvrage que nul rédacteur ne peut rédiger les actes susénoncés, ni leur donner la forme de la garantie réclamée, s'il n'a pas sous les yeux notre Traité agricole. N'avons-nous pas un grand nombre d'auteurs, et de la plus haute érudition, qui ont travaillé à résoudre la question dont il s'agit? Mais, en réalité, les formules de baux qu'ils nous ont présentées, comme garantie, ont-elles le privilége de les rendre exécutables? Voilà la question principale, et c'est cette question qu'ils n'ont pu réaliser jusqu'à présent.

Pour démontrer les motifs principaux à rendre un bail exécutable dans sa forme, nous allons simplement mentionner les deux articles suivants ·

1° Assurer aux parties leurs propres conventions (1);

2° Insérer dans l'acte les charges, clauses et conditions exécutables et non sujettes à contestation.

Faire uu acte pur et simple, et lui donner tout le caractère d'une garantie générale, est d'une rédaction impossible, suivant nous. Deux circonstances s'y opposent et vont tout aussitôt le confirmer : est-il possible à un notaire de connaître les produits de la terre, qui restent ignorés jusqu'à présent par les propriétaires, et même encore par les

(1) C'est-à-dire en conformité des garanties stipulées dans nos formules de baux, tome 1er, 2me partie, chapitre 8. Nous aurions désirer pouvoir insérer, dans cette brochure, les trois formules de baux indispensables pour compléter l'ouvrage, attendu que leurs garanties sont extraites d'un nombre infini d'opérations inséparables de l'ouvrage. Pour y suppléer, en attendant la publication du 1er volume, il suffit de s'en référer au tarif agricole, chapitre 8.

locataires? La raison est bien simple pour expliquer cette ignorance commune : qui peut en effet répondre de la production de la terre, comme aussi de la variation des cours? Nul assurément; ceci n'appartient qu'à la Divinité : nous n'avons donc pas à nous en occuper.

Mais en récompense, contre la puissasce et la volonté de Dieu, nous avons puisé dans le sein de la terre des découvertes nouvelles et propres à assurer le bien-être de la société. C'est une garantie réalisable par suite des tableaux inserés dans cette brochure, seul et unique moyen connu jusqu'à présent d'établir la garantie respective concernant les droits des parties.

Il faut admettre que l'exécution d'un acte est plus difficile à réaliser que les clauses qui y sont stipulées. Quel que soit le style du rédacteur, la plupart des hommes ignorent les termes de droit et la force de la loi sur lesquels cet acte repose. C'est ce qui est très souvent la cause d'une foule de contestations, et ce qui fait que les parties sont victimes de leur ignorance, souvent seule cause du mal. Heureusement ce mal va enfin cesser d'exister et va pisparaître pour toujours.

TABLE DES CHAPITRES.

CHAPITRE V.

CHAPITRE VI.

CHAPITRE VII.

CHAPITRE VIII.

CHAPITRE IX.

CHAPITRE X.

ERRATA.

Lisez page 23, 1re, 2e et 3e opérations, Tarif agricole, pages 34 et 35.

page 29, le montant du revenu par 1 fr. 50 centimes, location 7,500 fr. Voir Tarif agricole, pages 34 et 35, revenu 5,000 francs.

page 37, ligne 18 : Aux propriétaires.

page 38, ligne 19 : Position commune.

TABLE

Des matières agricoles, commerciales, industrielles et financières, contenues dans le 1er volume qui devait paraître en 1850.

Première Partie.

Guide de l'Agriculture nationale.
Du droit de l'homme, de ses besoins et de ses devoirs.
Modèle de culture, explication de 150 hectares de terre.

Chapitre Ier.

Acquisition de matériel et instruments aratoires reconnus nécessaires à l'exploitation.

Chapitre II.

Le nombre proportinnel de domestique indispensables à la culture de 150 hectares de terre. (Voir gagee.)

Chapitre III.

Frais de nourriture de domestiques à gages.

Chapitre IV.

Gages des bergers. (Voir qualité de moutons.)
Division des 150 hectares de terre, soles et classes diverses.

Chapitre V.

Frais de nourriture pour douze chevaux.

CHAPITRE VI.

Rapport des gages et nourriture des domestiques de culture, figurés au chapitre II.

CHAPITRE VII.

Semence de 45 hectares de blé.

CHAPITRE VIII.

Semence de 45 hectares d'avoine.

CHAPITRE IX.

Graines artificielles et semences diverses.

CHAPITRE X.

Frais de sciage et fauchage en blé pour 45 hectares.

CHAPITRE XI.

Sciage et fauchage d'avoine pour 45 hectares.

CHAPITRE XII.

Produit de 45 hectares de blé.

CHAPITRE XIII.

Produit de 45 hectares d'avoine.

CHAPITRE XIV.

Extraction du produit des blés.

CHAPITRE XV.

Extraction du produit des avoines.

CHAPITRE XVI.

Vente et produit de moutons, leurs proportions par hectare. (Voir produit du revenu.)

CHAPITRE XVII.

Droit et intérêt du propriétaire, intérêts a 5, 4, 3 et 2 1/2 pour cent.

Deuxième Partie.

Culture par la main de l'homme, acquisition de 1 hectare 50 ares de terre.

Chapitre Ier.

De la culture par parcelles, division des soles, frais de culture de 50 ares de blé.

Chapitre II.

Frais de culture et dépenses diverses de 50 ans d'avoine.

Récapitulation des produits figurés aux chapitres Ier et II. (Variation des cours des céréales.)

Comparaison des cours des céréales; déficit et bénéfice par hectare, extrait dn franc du revenu.

Chapitre III.

Conciliation sur la garantie du droit du propriétaire et du cultivateur.

Observation sur la forme des baux à ferme et leur valeur locative.

Classes diverses des immeubles; voir livre matricule et plan cadastral (commune de Hautevesnes, Aisne).

Exploitation première; désignation des biens affermés.

Modèle de bail à forfait; sa garantie.

Observation sur la location à forfait.

Chapitre IV.

Modèle de bail mutuel; sa garantie.

Bénéfice et déficit par hectare, extrait des 2 1/2, 3, 4 et 5 pour 0/0.

Produit de l'hectare par classe; voir valeur locative l'hectare; opération.

Valeur principale de l'hectare par classe, extrait des cours de 20 à 30 francs l'hectolitre et demi; voir cours divers du blé.

Chapitre V.

Chapitre VI.

Chapitre VII.

Chapitre VIII.

CHAPITRE IX.

Créance hypothécaire ; sa garantie.
Modèle d'obligation hypothécaire ; garantie mutuelle entre le créancier et le débiteur.
Conciliation sur la garantie du droit du propriétaire et du cultivateur.

Troisième Partie.

Position des domestiques à gage de culture.

CHAPITRE Ier.

L'homme non marié.

CHAPITRE II.

Dépense pour subtance alimentaire.

CHAPITRE III.

L'homme marié sans enfants.

CHAPITRE IV.

Position de l'homme d'un à six enfants.
Dépenses et frais communs.

CHAPITRE V.

Enfants ; leurs inégalités et supplément de gages pour cause d'insuffisance alimentaire.

CHAPITRE VI.

Du droit et de la garantie du cultivateur.

CHAPITRE VII.

Du droit de l'inférieur et de l'invalide.

CHAPITRE VIII.

De l'admission de l'ouvrier à gages. Voir Lecours.

CHAPITRE IX.

Pièces à produire par les demandeurs.

Chapitre X.

Domestique de culture né dans le canton; son droit d'admissibilité.

Chapitre XI.

Commission agricole.
Caisse cantonale.
Livrets de domestique de culture.
Résumé agricole.
Exploitation de culture par le propriétaire.
Revue et conciliation sur le bail à ferme. Voir Code civil.
Location à forfait et son résumé.

Quatrième Partie.

Chapitre Ier.

Revue commentée sur le bail de M. Carré.
Voir Modèle de bail, articles 1er et 29 inclusivement.

Cinquième Partie.

Chapitre Ier.

Des dispositions et articles principaux applicables aux baux à ferme.

Chapitre II.

Dispositions générales sur la distribution des primes locales et autres; les droits des concurrents garantis.
Résumé sur la garantie générale des parties.

Sixième Partie.

Tarif commercial, et comptes faits d'un hectolitre à mille, et d'un franc à cinquante francs l'hectolitre. Voir chapitres Ier et XXVI.
Observations sur les comptes faits. Voir Exemples 1, 2, 3 et 4.

www.ingramcontent.com/pod-product-compliance
Ingram Content Group UK Ltd.
Pitfield, Milton Keynes, MK11 3LW, UK
UKHW020416180726
13839UKWH00003B/1325

9 782329 321004